U0225452

薛定谔的
未来科学笔记系列

[俄罗斯]安德烈·康斯坦丁诺夫 / 著　　[俄罗斯]塔季扬娜·涅沃丽娜娅雅 / 绘
王泽坤 / 译

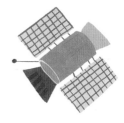

未来太空

电子工业出版社.
Publishing House of Electronics Industry
北京·BEIJING

让我们一起飞向火星吧！

在这本书中，我们将启程前往火星。你要不要和我们一起去呢？

"喵，为什么要去火星？"虚拟猫薛定谔问道。它会说话，喜欢读书，也知道很多骇人听闻的故事，但却是一个不爱冒险的勇士。

　　这个问题其实是很理智的——为什么我们要去那么远的地方呢？根据火星探测器从火星发来的照片来看：荒无人烟的沙漠、灰色的沙石、红褐色的岩石、干冰和群山遍布于火星表面，还有火山口和干涸的河床，到处都是一片死寂的荒漠，只有两极有些冰川的影子。

这只是你的第一观感！在火星上还有许多奇观，比如：奥林匹斯山，这是太阳系内已知的最高的火山。地球最高峰珠穆朗玛峰海拔约九千米，而位于火星表面的奥林匹斯山的海拔却有两万一千多米，足足有两座珠穆朗玛峰那么高。

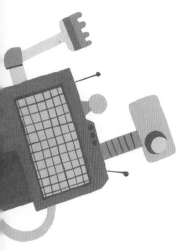

除此之外，火星上还有太阳系内最大的峡谷、最大的环形山，以及科学家们最近发现的神秘的地下湖泊，会不会有人就住在这湖里……火星上有太多的秘密是现在火星探测器无法揭开的，它们正等待着人类的到来。

但那里太冷了！毕竟，相比于地球而言，火星距离太阳太远了，而且又小又阴暗。温度在零下125摄氏度到零上25摄氏度之间，在火星的两极，温度可能低至零下150摄氏度！

不过别担心，没事的，如果登陆火星，通常会降落在火星的赤道地区，那里会暖和一些，平均温度在20摄氏度以上，就像去度假一样。

是哪个"傻瓜"第一个想要飞去那么远的地方呢？

你知道吗？几年前，太空探索公司MarsOne曾宣布公开招募前往火星的志愿者，并宣称由于航程遥远、成本高昂，志愿者将无法返回地球。对于那些火星移民计划的参与者来说，这是一张前往火星的单程票，除了在那里生存扎根，在火星上建立生存基地，别无他法。

但即便如此，很快也有超过20万人报名成为志愿者，他们绝不是在犯傻！

"喵，那是为什么呢？"

因为这是一次不同寻常的冒险——失重环境下的星际旅行，飞船外浩瀚无际的宇宙，可能存在的前所未见的神秘物种和新生命在翘首以盼。人类喜欢不断征服新的领域，只不过在地球上，可以开垦的空间越来越少，而宇宙却是浩瀚无边的。

当然，还有一个原因，就是火星生活和地球上的完全不同：落日是紫色的，冰是干的，就连卫星都有两个——福波斯（火卫一）和德莫斯（火卫二），它们的命名源于古希腊神话。

在火星，一切都可以重新开始。火星移民者可以提出新的社会法则和生活规范，还会有很多新的发现，甚至可能找到火星人。

"可是，火星上根本不能呼吸啊！"虚拟猫薛定谔紧张地摇起了尾巴。它的担心并不是多余的，毕竟我们身体的每一个细胞都需要氧气，在缺氧的环境下我们活不了多久。但火星的大气层却主要由二氧化碳组成，也就是我们呼出去的废气。所以，我们必须像潜水员一样，随身背着一个氧气瓶。

此外，在火星的失重环境下，我们的体重仅仅是在地球上的三分之一，可我们的体力却不会有丝毫减弱。这就意味着，我们可以跑得像猎豹一样快，搬重物的时候，就像超人一样，一下子抬到天花板那么高。

"那么，会有辐射的危险吗？"

要知道，太阳不仅能散发热和光，还会产生对身体健康有害的辐射。地球的磁场像一个巨大的屏蔽器，可以保护我们免遭辐射。但火星却没有这样的磁场。为了着陆火星，科学家们必须保护旅行者免遭辐射伤害，只不过目前还没有找到理想的防护办法。

NT-95S

9

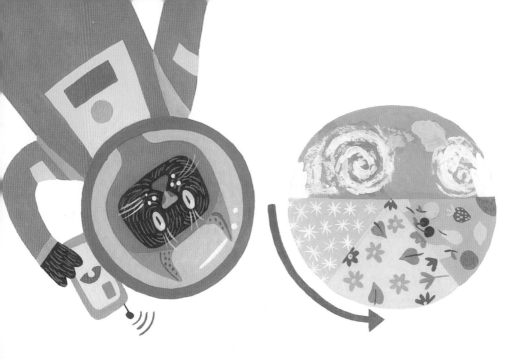

　　还有很重要的一点是：飞到火星需要整整六个月之久。火星距离我们太遥远了，以至于根本无法实现正常的通信——从火星上传出的消息，传到地球上至少需要五分钟，甚至更久，然后再把消息传递回去，一来一回至少需要十分钟。如果恰好赶上火星和地球距离较远的时候，可能需要等上半个多小时。毕竟，在绕日运动的过程中，火星和地球的距离时远时近，并不固定。

　　但在飞行的过程当中，火星旅行者并不会感到无聊，因为这场太空之旅只是一次模拟，不会花费太多的时间。途中，可以透过舷窗看到人类如何一步步征服太空，期待未来有哪些事物在等着我们。好啦，出发吧！

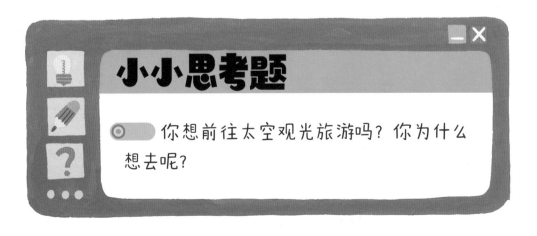

小小思考题

　　○ 你想前往太空观光旅游吗？你为什么想去呢？

在轨道上

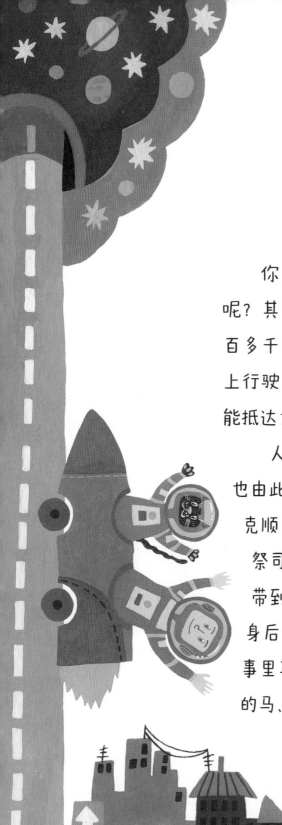

你是否觉得太空距离我们很遥远呢？其实并没有，它距离我们只有一百多千米，如果汽车能从地面径直向上行驶，只需要一个多小时的车程就能抵达太空。

人们一直梦想着能够到访太空，也由此产生了很多故事。英国男孩杰克顺着魔豆的藤蔓登上云端，萨满祭司敲响铃鼓召唤神灵的侍者将其带到天边，法老建造金字塔只为在身后化作天上的一颗星，在童话故事里英雄会被一只硕大的鸟、会飞的马、天使抑或魔鬼送抵天际……

但是万有引力、地球的重力将人类紧紧地吸在了地球表面，使这一百多千米成为了无法逾越的距离。直到60年前，尤里·加加林才在火箭的帮助下成为了克服地球重力的第一人。

火箭的喷气发动机内，伴随燃料从油箱内源源不断地注入、燃烧，一股热浪从火箭尾部向下喷涌而出，将火箭推向相反的方向。当火箭升至350～400千米高度、并加速至第一宇宙速度（即7.9千米/秒）时，火箭无需发动机助力即可保持绕地飞行，而且不会坠落。

太空拥挤不堪。国际空间站和成千上万的在轨运行卫星、"太空垃圾"都位于此。这里有各种各样的卫星，比如：军事侦察卫星、望远镜科学卫星、科学实验卫星、导

氧化剂

燃料

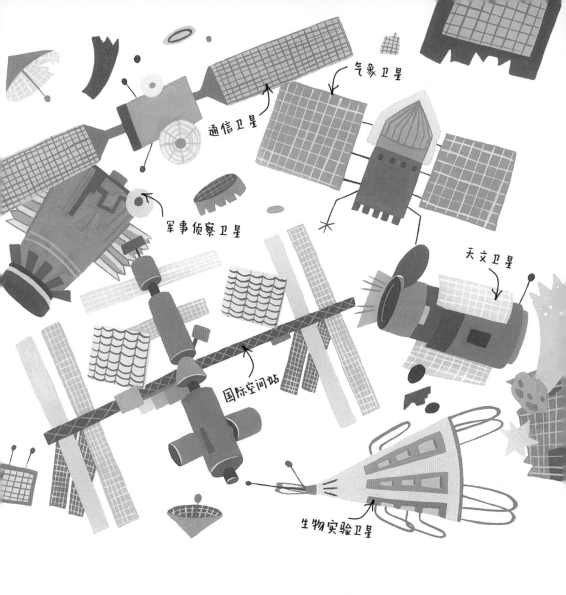

气象卫星

通信卫星

军事侦察卫星

天文卫星

国际空间站

生物实验卫星

航卫星、通信卫星，还有用来监测天气和地球表面活动的各类卫星。

火箭克服地球引力是一件很艰难的事，且耗资巨大，特别是在荷载量巨大的情况下。而火星移民者需要带的东西也很多，比任何进入太空的航天员携带的东西都要多得多。截至目前，人们还没有想出比火箭更适合进入绕地轨道的运载工具。不过，科学家们有一些大胆想法，比如，修建一部太空电梯。

要想启动这部电梯，需要在地球和卫星之间拉一条电缆，且卫星要在地球上方保持相对静止，即绕地运行速度与地球自转速度相同。这就要求卫星需位于赤道上方约3.6万千米的高度，是大多数卫星高度的十倍。这样的"静止"卫星被称作"对地静止卫星"，而位于赤道上方的这一轨道就是"地球静止轨道"。目前，这一轨道上有近千颗卫星在运行，其中有很多是通信卫星。

如果能拉一条坚固的电缆，从赤道的航天发射场延伸到在"地球静止轨道"上运行的空间站，就可以乘电梯抵达太空。电梯的攀升会花费很长时间，大概整整一周，但这种方法经济实惠，想运多少东西上太空都可以。虽然人类目前还没有找到足够坚韧的材料来制作这根长3.6万千米的电缆，但是科学家们仍在努力研发更坚韧的材料。

　　届时，飞往火星的火箭将直接在位于地球同步轨道上的巨大的宇宙空间站中进行拼装。可以将此站称为"地球太空港"，上百名工作人员和成千上万的机器人将在这里工作，借助太空电梯装卸货物。太空港还可以接收或派出太空飞船，为太空游客、在小行星上开采贵金属的商人和体验失重状态的游客服务。

虽然电梯可以用来运货，但速度还是太慢了，所以我们还得乘坐一枚小型旅游火箭前往地球太空港，几分钟之内就能到达。注意，我们要起飞了！

首先，我们被吸在了座位上，开始慢慢感觉到超重，整个身体变得像铅块一样沉，随后，便开始在失重状态下飞行。窗外就是地球了，它是那样的美丽！还没来得及欣赏完蓝色星球的美景，就可以看到越来越近的地球太空港闪烁着的灯光，整个太空港都建在地球静止轨道上，我们在这里就要换乘了。

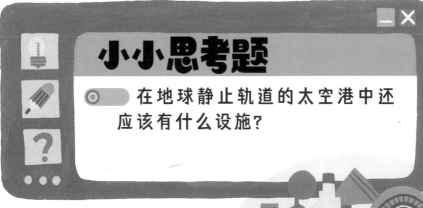

小小思考题

在地球静止轨道的太空港中还应该有什么设施?

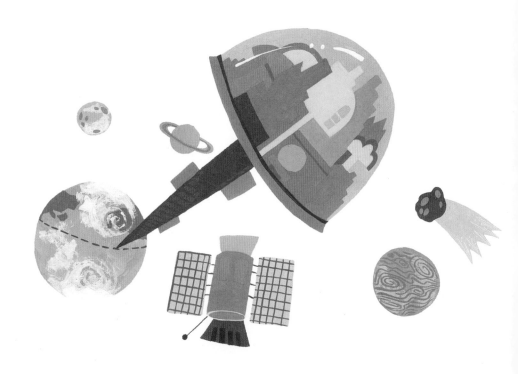

下一站——月球

我们没有在地球太空港过多停留，只是随意地看了一眼太空温室里日渐成熟的硕大水果，到体育馆体验了失重状态下的运动，去酒吧和其他星际旅行者闲聊，时不时地从软管中吸一口饮料——如果不小心洒出来一滴，那滴饮料也会开始飘浮，并最终落到一个人的衣服上。在失重条件下，所有的活动都与在地面上不同，就连去厕所和刷牙也会不一样。

接着，需要尽快赶到新飞船"怪诞小镇"的一等
舱，这艘飞船是在地球静止轨道上组装完成的，体积非
常庞大！毕竟宇宙飞行时间会很长，需要大量的燃料用
于飞船的驱动，还要装载大量火星移民者要用的氧气等
补给，以及建设火星基地的各类设备和材料。

当"怪诞小镇"飞船飞抵火星的时候，飞船本身也将成为移民中心、人类的生活基站和在火星上的第一个家，乃至医院、工厂、培育基地、水和空气净化系统，它会成为人们在火星上赖以生存的一切。

让我们前往下一站。一个表面满是陨石坑的、巨大的灰色星球正在靠近我们。你一定猜出来了，这就是月球。月球也做绕地飞行，但它与地球的距离是地球太空港到地球距离的十倍之多，平均距离有40万千米。

在月球轨道上还有一个规模不大的月球太空港。我们要在这里加油，毕竟火箭油箱已经要见底了。别看有那么多人和货物，但燃料占了飞船总质量的90%，就算用太空电梯把这些燃料运过来也绝非易事。

在月球上，所有物体的重量都会减少到原来的六分之一。所以，用位于月球表面的工厂中机器人合成的燃料来加油，成本就会低得多。月球上还会建些什么呢？还会建采矿场，毕竟地球上的矿石越来越少了。

当然，还有给太空游客准备的登月基地。在基地的穹顶之下，游客将人造翅膀系在胳膊上然后努力挥舞——弱引力条件下靠自身力量飞行是可以实现的！

也许在我们移民火星的同时，在月球表面建立基站的各国也正在瓜分着月球的领土，甚至可能爆发月球大战，这是我们不愿看到的。希望各国政府能够达成共识，共同开发月球资源，这样，太空事业才能进展得更顺利。毕竟仅靠一个国家的力量是无法完全实现宇宙探索的。

曾经，美俄两国都高度关注月球登陆。继加加林成为进入太空第一人后，美国紧随其后实施了阿波罗登月计划，尼尔·阿姆斯特朗成为首个登上月球的人类……

好了，现在我们要飞向更远的地方了，更广阔的宇宙在等着我们!

小小思考题

各国应如何共享月球空间?

旋涡星系

在飞往火星的"怪诞小镇"飞船甲板上，可以悠闲地散步。这里散步指的是，不做任何的剧烈运动，在失重条件下自然地从一个窗口飘到另一个窗口。虚拟猫薛定谔已经完全适应了这种没有地板和天花板的生活，甚至悬在空中打盹睡觉时，会记得把自己的身体缩成一团。飞行的时间很长，但乘客能做的事情却不多，大多数时候就是在窗边或者通过望远镜看星星。

在飞往火星的途中，我们和太阳间的距离越来越远，但太阳仍旧是浩瀚宇宙中我们目视所见的最明亮的星体，只不过它不再是最大的那一颗。一个雾气缭绕的发光点在慢慢变大，渐渐超过了太阳。当把望远镜对准它的时候，我们会看到一个巨大的发光盘——这是一个由数千亿颗恒星组成的"漩涡"。

事实上，它的距离非常远，远过周围肉眼可见的一切物体。但它是如此之硕大，如果再亮一些，就算在地球上也可以看到这样一个比月亮还大的发光云团。那么，这个星团到底是什么呢？这是一个"恒星岛屿"——我们的近邻仙女星系。

我们也是生活在这样的一个"岛屿"上，确切地说，是在一个同样由数千亿颗恒星组成的旋转的大转盘之中。毕竟我们所知晓的整个世界——宇宙，是由不同星系组成的。它们之间相隔甚远，就算是光，也需要数千年甚至数百万年时间才能从一端抵达另一端。

　　因此，当我们看到仙女星系的时候，看到的实际上是两百五十万年前发出的光束。同样，我们看到的星星永远是它曾经的样子。即便看向距离最近的恒星——太阳，我们看到的也是它8分16秒前的样子。假如有一只鳄鱼把太阳吃掉了，8分16秒之后我们才会发现这个问题。

　　我们自己所在的星系是银河系。繁星点点的夜晚，远离城市五彩霓虹，肉眼可见的星星密布于天空之中。有时，能在星空看到一条巨大的乳白色光带，那里光芒更加耀眼，因为那里聚集了数目众多的恒星。

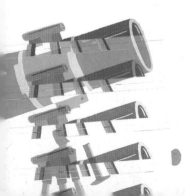

据科学家预测，约四十亿年后的某一天，银河系和仙女星系将在引力的作用下彼此吸引，合并成一个"椭圆星系"。但这并不意味着恒星会相互碰撞。它们之间还是会保持较远的距离，因为每个星系都主要由星系际介质组成。

人类很难消除两颗恒星之间的星系际介质。即使是到离太阳最近的恒星——比邻星，也有至少8光年的距离。而速度最快的现代飞船（速度为250 000千米/时）也需要飞行近两万年。我们唯一可以指望的，就是物理学家们有一天能够想出一种全新的方法来超越这种空间，这一问题在现代科学中还未曾解决。如果科学家们也束手无策，那么不论我们有多么向往，另一颗恒星于我们而言，永远都只是遥不可及的一束光。

小小思考题

你觉得，人类有可能在银河系之外的其他星系中定居吗？

你为什么这样认为？

穿越太阳系

火星越来越近了！暂时放下望远镜里远处的恒星和星系，来看看我们面前的景色吧。火星距离我们越来越近，极冠、硕大的火山口、山脉和峡谷的裂缝已经清晰可见……

伴随着时间的流逝，地球、月球和距离太阳最近的行星——水星、金星离我们越来越远。在这些星球上也孕育

火星

水星

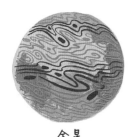

金星

着无数的奇迹，但在可预见的未来，我们还无法在这些星球上定居，毕竟那里的温度太高，生存条件非常苛刻。

不过可以在金星大气层50千米的高度建立一个悬浮式空间站。在云层之上，温度不会有金星表面的400多摄氏度那么高，只有大概30摄氏度到50摄氏度左右，虽然

很热，但有空调也足够调节了。如果把空间站看作一个巨大的金属球，那么它将保持在这个高度，自行在云层上飘浮。金星的大气层非常密实，会像水流推着乒乓球一样把空间站稳稳地托起。

目前这些灼热的星球都是由航天器来探索的。比如，"帕克号"太阳探测器现在正在强大的隔热罩保护下躲避太阳致命的热量，并以100千米/秒左右的速度飞向太阳。还从没有任何一个航天器如此接近过太阳，且飞行速度如此之快——毕竟"帕克号"的飞行还需要克服巨大的引力。"帕克号"并不是径直飞向太阳的，而是不断绕圈、螺旋式地靠近太阳。因此，它需要飞很久，直到2025年底，它终会被燃烧殆尽。

火星目前也是由探测器在开垦，甚至有人开玩笑说，这是一个探测器聚居的星球。其实不仅仅是火星，在整个太阳系，除了地球和地球轨道外，其他地方都只有探测器工作着。

比火星更远的小行星带，是由成千上万块大小不一的岩石、铁块和其他金属质天体构成的。不久前，日本向其中的一块巨石——小行星Ryugu（龙宫星）发射了隼鸟2号小行星探测器，它带有两个着陆器。探测器通过在行星表面不断跳跃来采集表面样本，并很快返航，将土壤样本交到科学家的手中。小行星带的开垦对于矿产资源开发而言意义非凡。不久，探测器探险队将再度启航前往另一颗小行星Psyche（灵神星）。那里蕴藏着大量的黄金和各类贵金属，如果将它们全部开采、运往地球，其价值远超人类现在的积累量。

　　未来的太空探索工作将主要由探测器来完成，大多数探险活动也将完全由机器人进行。毕竟人们无法抵达比小行星带更远的那些巨大的行星，比如，木星、土星、天王星和海王星。这些星球表面的引力过大，会把我们压垮。

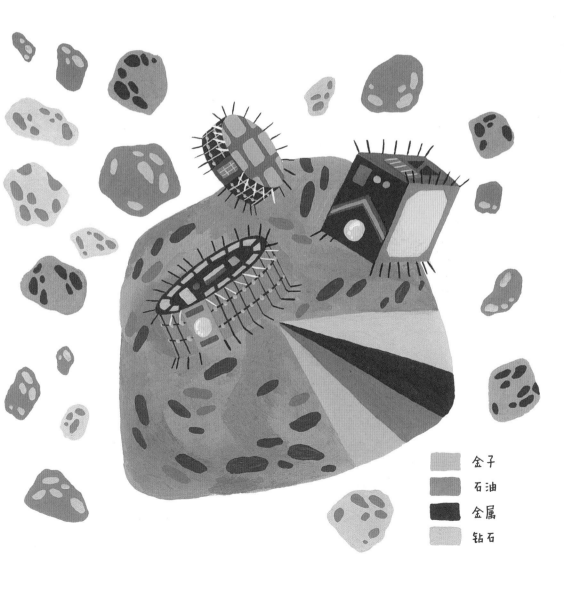

金子

石油

金属

钻石

不过探测器已经开始在这些星球上作业，而且走得越来越远，接近太阳系的边缘——柯伊伯带，这是另一个小行星带，包含几个像冥王星这样的矮行星。在研究过彗星的运动后（顺便说一句，已经有一个探测器降落到了彗星上），天文学家计算得出，柯伊伯带深处可能还有另一颗巨大的行星。由于距离过于遥远，无法通过望远镜看到，但是将来，太空探测器一定能够找到它，除非是天文学家的计算出了错。

可以看到，在大多数情况下，太空探索工作主要还是由探测器来完成的。

小小思考题

想象一下，如果由你来制定未来20年的太空计划：

◉ 你认为应该优先做哪些探索项目？

◉ 哪些是最主要的目标？为此需要做什么准备？

登陆火星

　　我们此次探险最危险的时刻到了——飞船要降落火星了。火星的大气层非常稀薄，只有地球大气层密度的10%，就算是用降落伞也无济于事。因此，我们只能降落在火星的平原。当然，着陆不是由飞行员手动控制的，而是由飞船的自动化系统实现的，这样更可靠快捷。

　　飞船开始刹车了，我们被紧紧地吸在座位上，周围的一切都在震动——飞船成功在火星着陆，扬起了大片的尘埃云。新世界、新生活的故事就此开启。无比期待在这里见到外星人!

　　但科学家们认为，就算在火星上发现什么，也只会是微生物，而且还不一定是源自火星的微生物，毕竟已经有很多来自地球的太空探测器造访过火星。地球上的微生物很有可能会意外地来到这里，其中一些生命力极其顽强的微生物克服了极端的生存条件后，在这里活了下来。

如果想要找到比微生物更大的外星人，科学家将更多寄希望于木星的卫星——木卫二和木卫三。这些星球表面覆盖厚达100千米的冰层，其下潜藏着巨大的水资源，如果在冰层上融化出或开凿出一个洞来，甚至可以发射一艘潜艇进去！

但这主要是探测器的工作，人类还是适合去火星，那是比较适合我们的星球。也许有一天，我们甚至有可能改

变火星的气候和大气层，开创火星文明。
相信这一时刻很快就会到来，只不过我们
必须从现在就开始做准备。

小小思考题

你认为，如果我们偶遇了外星文明，我们能与外星人找到共同话题吗？为什么？

版权贸易合同登记号　图字：01-2021-7020

图书在版编目（CIP）数据

薛定谔的未来科学笔记系列. 未来太空／（俄罗斯）安德烈·康斯坦丁诺夫著；（俄罗斯）塔季扬娜·涅沃丽娜雅绘；王泽坤译. --北京：电子工业出版社，2022.4

ISBN 978-7-121-42805-0

Ⅰ. ①薛… Ⅱ. ①安… ②塔… ③王… Ⅲ. ①科学技术－少年读物 Ⅳ. ①N49

中国版本图书馆CIP数据核字（2022）第035912号

责任编辑：苏　琪　文字编辑：翟夏月
印　　刷：北京瑞禾彩色印刷有限公司
装　　订：北京瑞禾彩色印刷有限公司
出版发行：电子工业出版社
　　　　　北京市海淀区万寿路173信箱　邮编：100036
开　　本：889×1194　1/16　印张：9　字数：131.30千字
版　　次：2022年4月第1版
印　　次：2022年4月第1次印刷
定　　价：118.00元（全3册）

凡所购买电子工业出版社图书有缺损问题，请向购买书店调换。若书店售缺，请与本社发行部联系，联系及邮购电话：（010）88254888，88258888。

质量投诉请发邮件至zlts@phei.com.cn，盗版侵权举报请发邮件至dbqq@phei.com.cn。

本书咨询联系方式：（010）88254161转1882，suq@phei.com.cn。

薛定谔的
未来科学笔记系列

[俄罗斯] 安德烈·康斯坦丁诺夫 / 著 　[俄罗斯] 叶连娜·布拉伊 / 绘

王泽坤 / 译

未来城市

电子工业出版社·

Publishing House of Electronics Industry

北京·BEIJING

"叽叽喳喳，
呼呼呼——"

玛莎有一个会说话的玩具，名叫"珍妮"。这
是一只像老虎一样的小怪兽，有着长长的嘴巴。珍妮
在聊天时只会说一个话题，因为它只会玩"猜动物"
的游戏。

给珍妮出一个野兽的谜面，只要不是很罕见的野兽，它几乎总能通过问一些提示性的问题猜出来谜底，它是一个非常聪明的玩具！

有一次，萨沙来找玛莎玩。萨沙在新年时也收到了一个会说话的玩具，看上去是一个毛茸茸的小玩意儿，很会聊天，会发各种各样令人愉悦的声音——一会儿吱吱叫，一会儿噗噗笑。当然，女孩儿们一定少不了介绍她们会说话的朋友互相认识一下。看玩具们互相认识是一件很有趣的事。萨沙的玩具非常热心地打招呼："你好，叽叽喳喳，呼呼呼。"玛莎的玩具首先非常礼貌地打招呼，然后认真地听萨沙的玩具说"叽叽——喳喳"，并请求道："可以再重复一遍吗？我没明白你在说什么。"萨沙的玩具接收到这一请求，兴致勃勃地重复起来。于是，它们的对话就这样陷入了循环，不断从头开始重复。

　　玩具之间无法理解彼此，因为它们太不一样了。但即使它们是一样的，人类的语言还是很难适用于它们之间的信息交换。

　　你有没有跟智能手机的语音助手阿莉萨聊过天？我猜，肯定有过。但如果同时打开两台手机里的阿莉萨让它们进行对话，会发生什么呢？你可以试一试——也会得到一个很荒诞的结果。

　　阿莉萨之间并不能理解彼此，虽然工程师在设计它们时，已经为其配备了智能人机对话功能。

　　最终结果如何呢？玩具、手机和很多东西都变得智能化，但它们之间却无法进行交流，至少无法用人类的语言交流。但如果它们有自己单独的网络，不使用人类的词汇，而使用只有它们才理解的信号来沟通，那会如何呢？

想象一下，当你在睡觉的时候，你的玩具们开始彼此交谈，就像童话故事里写的那样。不过现在这不再只是童话，物联网已经实现了这一功能。虽然物联网技术不久前才刚刚兴起，但它的覆盖范围已经比互联网大得多了。

　　这本书就是讲当所有的智能产品彼此间可以交换信息、自由交流时，我们的生活会发生怎样的变化。

小小思考题：

　　在你父母小的时候，出现过什么新鲜事物？

　　试着做一个游戏：说出在21世纪出现的新事物，看看谁说得更多。

智能产品

　　你有没有想象过，当你长大后，未来的生活会变成什么样？事实是，我们已经活在了未来。小时候，我常常会想，在21世纪人们会如何生活，毕竟这对于当时的我来说是很遥远的。我当时幻想，可能会有空中飞车、机器人、太空旅行，还会和外星人交朋友。然而，当未来真正到来的时候，却并非如想象中的那样。虽然，这也是常有的事儿。汽车还不能飞，机器人并没有那么多，去火星的票也还买不到。

但世界确实变了，谁都没有想
到或是预料到，在渐渐长大的日子
里，是什么改变了世界——你能猜
得到吗？

如果用一个词来回答，那就是——计算机。最初计算机体形硕大、操作不便，占据好几间屋子，但功能却少得可怜。后来，计算机的尺寸压缩到电视的大小，开始走进千家万户，人们的生活也越来越离不开计算机。再后来，计算机变得越来越小巧。现在已经小到几乎看不出来，可以放进任何东西里去，比如吸尘器、电视、钟表、电话、汽车、玩具，就连衣服里也可以放。因为计算机是一套擅长进行信息加工和处理的电子系统，就像人的大脑一样，所以物品中一旦嵌入了这样的"电子大脑"，就变成了智能产品。

珍妮之所以会玩"猜动物"的游戏，就是因为在它的身体里植入了芯片——微型计算机。芯片会怎样分析信息呢？信息通过输入装置传入"电子大脑"中，这种输入装置就像我们人的感官一样。"电子大脑"最常见的感官和它们的功能分别是：麦克风用于收音，摄像头负责影像，鼠标、键盘和手柄用于接收指令。珍妮的输入装置只有麦克风，用于接收声音信息，而珍妮体内的芯片会对信息进行加工——提取信息中的词汇加以分析，从而实现人机对话。

玩具需要芯片吗？

需要。

　　但是，智能产品渐渐地变得不那么聪明了——它们的人工智能仅支持完成有限的任务。珍妮只会猜动物，而智能手环只能记录、分析佩戴者的步数和脉搏，却不会猜动物。

　　有一个办法可以让智能产品变得更加聪明，就是将它们接入网络。

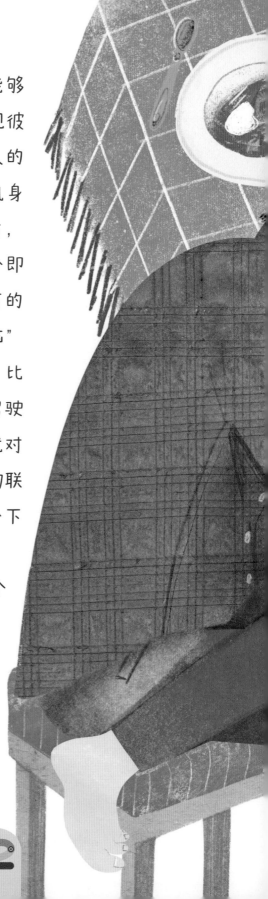

　　这样一来，芯片不仅能够对信息进行分析，还能够实现彼此间的数据交换。控制机器人的计算机不一定要安装在它的机身中——只需要一个小小的芯片，使其能够接入网络、接收指令即可。或许在未来，世界上所有的智能产品都统一由"超级大脑"来控制。这样会方便很多，比如，可以避免无人机和无人驾驶汽车相撞，让二者在互不干扰对方的情况下正常行驶。接入物联网的智能设备都将在统一指令下协同工作。

　　现在我们就可以回答这个问题：当今世界如何变化，科技发展会带我们走向何方？智能产品接入物联网，让我们的生活变得更加方便。而这种改变正在悄然进行着。

小小思考题：

找到你家中所有植入芯片的产品。或许你会漏掉几个，可以向父母寻求一些提示。

你在家里最后一共找到多少智能产品呢？

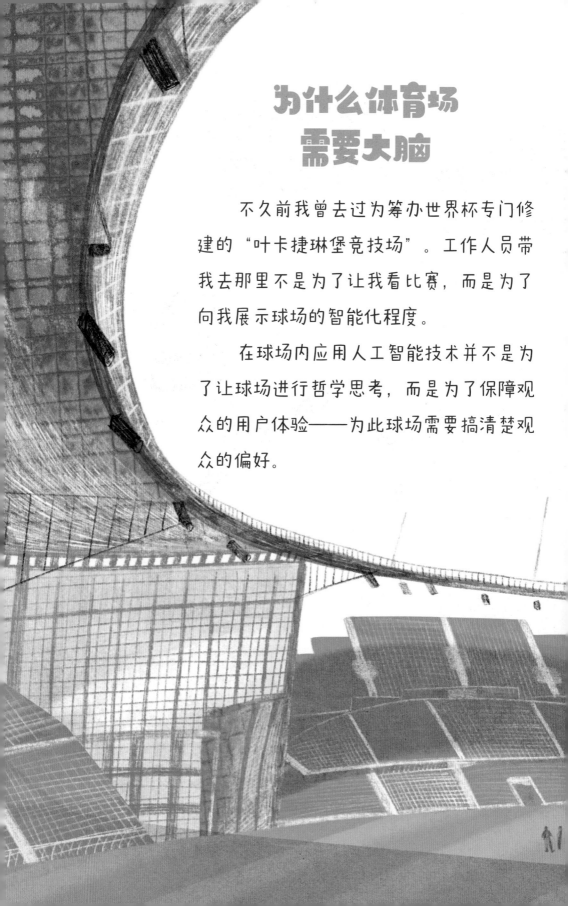

为什么体育场
需要大脑

    不久前我曾去过为筹办世界杯专门修建的"叶卡捷琳堡竞技场"。工作人员带我去那里不是为了让我看比赛，而是为了向我展示球场的智能化程度。

    在球场内应用人工智能技术并不是为了让球场进行哲学思考，而是为了保障观众的用户体验——为此球场需要搞清楚观众的偏好。

这意味着球场需要"感官"。但球场的感官和人类的感官不甚相同。球场内部分布着数不清的传感器，比如，监测球场支柱和墙面状况的应变仪；顾名思义，用于测量倾斜度的倾角仪；监测场内坐满观众时，看台振动强度和频率的加速度表；精确、系统地跟踪运动场内运动设备状态的地质监测仪……

所有的这些传感器都会接入工程设备的操作系统，从而对数据进行分析研究，并对场内观众的身体状态进行监测，收集其肌肉、关节和内部器官的状态信息。

这些传感器提供的信息太多，以至于工作人员很难对这些信息进行追踪，因此体育场需要自己的"大脑"。体育场的计算机"大脑"会主动对各项数据进行跟踪，一旦出现问题或传感器指数超出预期，就会向相关人员发出预警。因此，在这方面不需要耗费太多人力。

智能体育场可以感知到外部环境吗？当然可以。整个"气象台"都嵌在体育场的"神经系统"内，由此，温度智能控制装置就会随着空气温度和气压波动而调整。

　　但体育场上最重要的还是人。体育场内可以容纳2~3
万人——相当于一个小型城市的人口数量。进出体育场、
检票需要非常迅速。如果人工进行检票，那么进入体育场
则需要几个小时。而且，体育场内有上千个摄像头，单靠
人力如何能监控得过来？所以体育场内无论如何都离不开
人工智能，也需要训练人工智能精准识别各类情况，如打
架、攀爬栏杆、非法闯入等。

此外，体育场摄像机可以对比赛进行监控并帮助裁判做出决定，向其展示任意时刻球的确切位置。这样可以在一定程度上避免误判、纠纷和不满，要知道这些在足球场上可是经常出现的。

体育场只是一个例子。变得如此智能的不只有体育场，其他的建筑物也在变得越来越智能。不仅仅是建筑，所有的城市也都在走向智能化。让我们走出体育场，在智慧城市中尽情漫步吧！

小小思考题：

你认为未来的城市会变成什么样子？未来的城市中会出现哪些现在没有的新变化？

起飞！

　　总之，未来的城市将是更加智能的城市。这意味着什么呢？一直以来，城市总是在寻找更具智慧的解决方案，给居民们的共同生活增添便利。例如，交通规则的颁布、高楼大厦和地铁的兴建，所有精巧的发明使得数百万人，即使在地理空间相对狭小的现代化城市中，也能生活得舒适便捷。

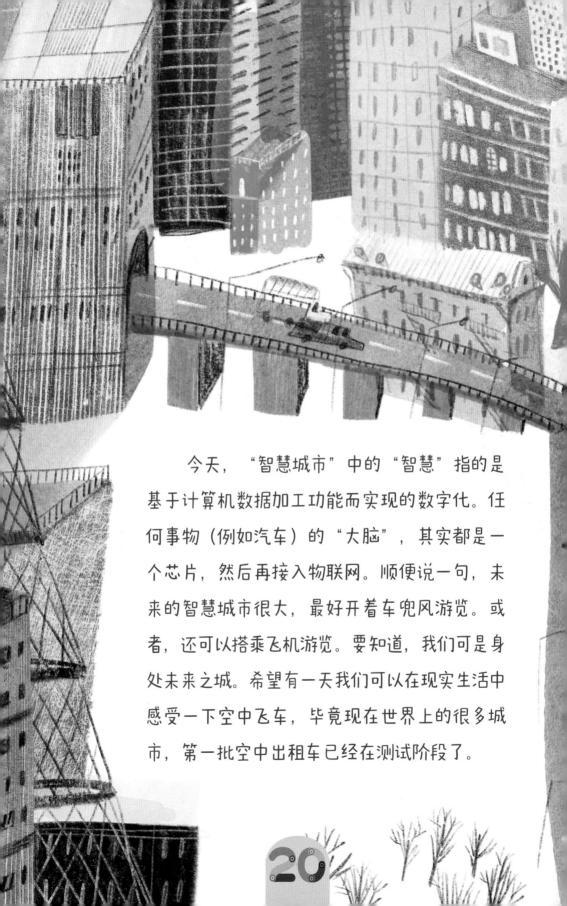

今天，"智慧城市"中的"智慧"指的是基于计算机数据加工功能而实现的数字化。任何事物（例如汽车）的"大脑"，其实都是一个芯片，然后再接入物联网。顺便说一句，未来的智慧城市很大，最好开着车兜风游览。或者，还可以搭乘飞机游览。要知道，我们可是身处未来之城。希望有一天我们可以在现实生活中感受一下空中飞车，毕竟现在世界上的很多城市，第一批空中出租车已经在测试阶段了。

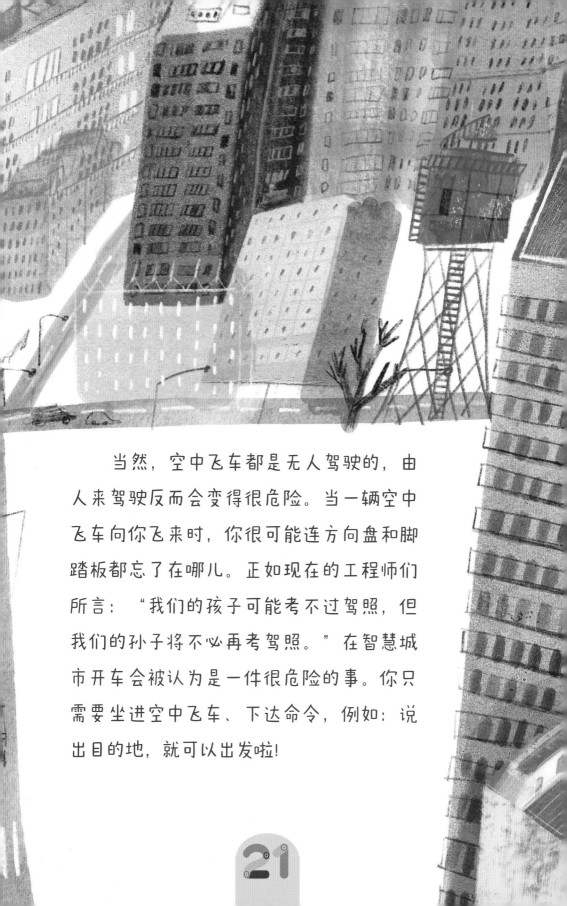

当然，空中飞车都是无人驾驶的，由人来驾驶反而会变得很危险。当一辆空中飞车向你飞来时，你很可能连方向盘和脚踏板都忘了在哪儿。正如现在的工程师们所言："我们的孩子可能考不过驾照，但我们的孙子将不必再考驾照。"在智慧城市开车会被认为是一件很危险的事。你只需要坐进空中飞车、下达命令，例如：说出目的地，就可以出发啦!

当然，在三维空间中快速移动，穿梭于摩天大楼、空中飞车和无人机之间，绝非易事。空中飞车仅仅依靠自己的摄像头和其他的"感官"是远远不够的，如果有人忽然从角落里，或者从上方、下方蹿出来，就会让它措手不及。因此，汽车的计算机"大脑"不是独立运作的，而是需要经常与周围的汽车、无人机、建筑物芯片进行信息交换。毕竟，它们都连接到同一个公共网络——物联网。而物联网也使整个城市变成了一台巨型计算机。

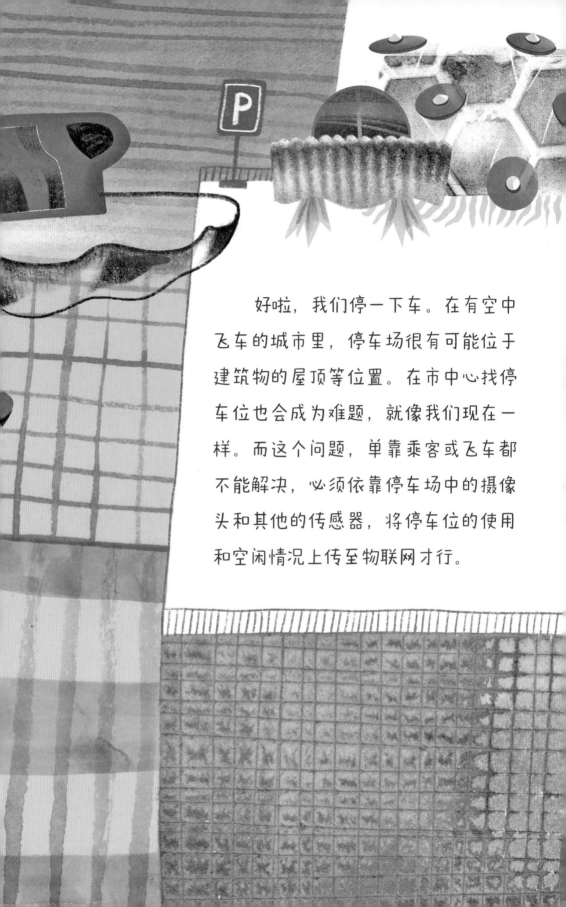

好啦，我们停一下车。在有空中飞车的城市里，停车场很有可能位于建筑物的屋顶等位置。在市中心找停车位也会成为难题，就像我们现在一样。而这个问题，单靠乘客或飞车都不能解决，必须依靠停车场中的摄像头和其他的传感器，将停车位的使用和空闲情况上传至物联网才行。

现在已经有了这样的停车场，但目前还需要司机自己通过手机定位来寻找空车位。此外，在停车位不足的地区，停车场荷载测算数据可以帮助工程师对停车场进行正确的规划和改造。所以，要想让城市更宜居，必须依据精准的数据来对其进行管理。

我们不一定要飞到停车场——空中飞车会把我们送到目的地，然后自己飞去泊车，或者去载其他乘客。在未来的智慧城市中，人们不必再对私家车趋之若鹜。

小小思考题：

除了空中飞车，未来的城市可能还需要哪些交通工具呢？

怎样赢得"一级方程式"赛车比赛

　　我们这是要飞到哪里？到汽车厂去！毕竟，城市里不仅有住宅区和写字楼，还有生产各类商品的工业区。你大概听说过，现代化工厂的车间里几乎空无一人，只有传送带将加工的产品依次传递。现在最常见的机器人就是工业机器人，特别是工厂车间内的工业机器人，比城市的任何一个地方都要多得多。

　　但是工业机器人只是工厂的"手臂"，工厂有成千上万只机械式手臂。它们被管辖整个生产流程的计算机"大脑"所控制。

　　事实上，我已经造访过这样的智能化工厂了。我想要说的是，我们其实已经生活在未来。只不过这种状态正在依次到来——有的地方未来已至，有的地方正在准备迎接未来，还有的地方尚未听说过未来生活的模样。

我拜访过的最先进的工厂是伦敦附近的"红牛"工厂（RedBull），该工厂为"一级方程式"比赛（世界著名场地赛车锦标赛）制造赛车。通常，自动化工厂中使用的人力很少，但在红牛工厂中却有大量的人力从事手工劳动。原因在于，想要生产出世界上最快的冠军赛车，是一件很复杂、非标准化的工作，无法全权交给机器人完成。

　　"一级方程式"赛车比赛每年举行一次（由多个分站赛组成）——这意味着，每年都需要生产出一款新的冠军赛车，需要对赛车进行各种改良，否则很容易就会被竞争对手超越。要知道，一年时间足够他们做出很多改变。

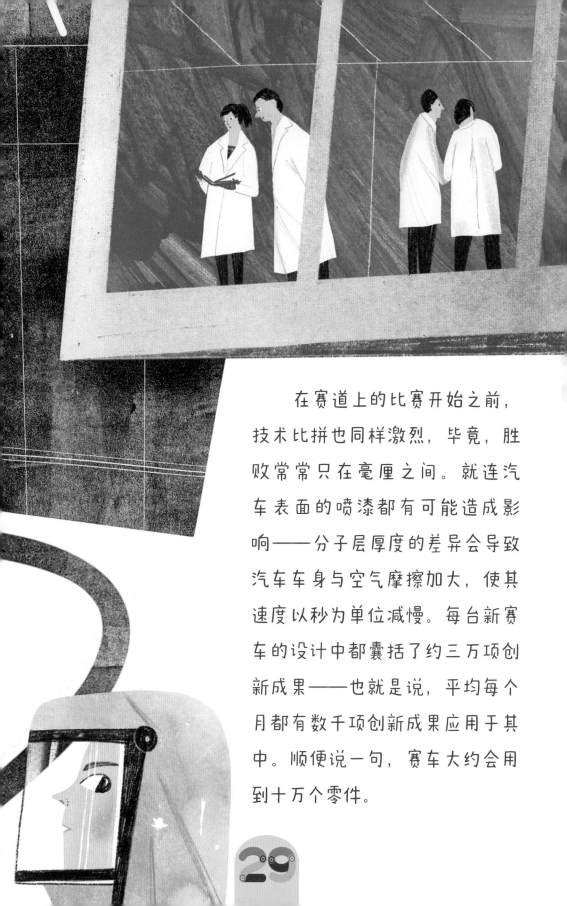

在赛道上的比赛开始之前，技术比拼也同样激烈，毕竟，胜败常常只在毫厘之间。就连汽车表面的喷漆都有可能造成影响——分子层厚度的差异会导致汽车车身与空气摩擦加大，使其速度以秒为单位减慢。每台新赛车的设计中都囊括了约三万项创新成果——也就是说，平均每个月都有数千项创新成果应用于其中。顺便说一句，赛车大约会用到十万个零件。

如果不是工厂的计算机，谁能保持这些信息常用常新呢？因此，赛车生产的各个阶段以及所有从事其生产制造工作的人员，都经由一个统一的计算机系统相互连接，该系统在虚拟世界中（即计算机屏幕上）对赛车信息及其生产、维修的所有过程留底存根。

该存根是工厂计算机的灵魂所在。它将所有的流程串联为一个整体，并为所有赛车研发人员提供了一个公共的虚拟工作空间。每一位团队成员都可以看到最新版赛车的完整模型。即使在赛车参加比赛时，工程师们也可以聚在工厂专门的大厅里，对赛车在赛道上的所有情况进行监控——在赛车内也安装着上百个传感器，所有的传感器数据都会实时显示在大屏幕上。

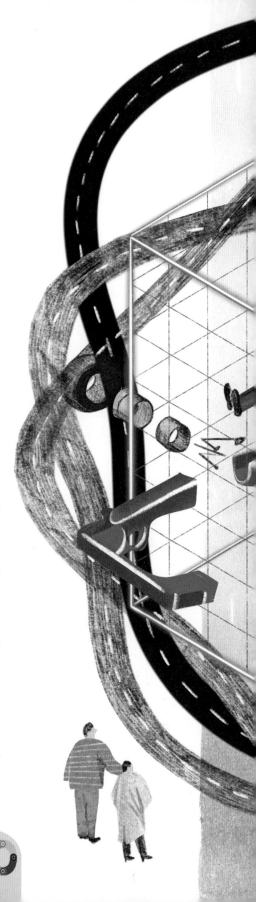

　　事实证明，在21世纪工业领域发生的最重要变化不是机器取代了人，而是人工智能的诞生使工厂获得了计算机"大脑"。

　　在人类历史上，技术革命曾多次发生：一百年前，电力的应用颠覆了人们生活的诸多领域。比如，在车床上增加一个电动机，工人便不再需要费力旋转车床来工作，只需转动踏板即可，这样一来，工作就轻快多了。

而现在正在发生的是一场全新的技术革命——计算机正在改变着我们生活的方方面面。例如，将机床连接至计算机，只要把相应的程序加载至其中，机床就可以自己完成所有的工作。

现在，想要描述任何事物的未来都非常简单——只需要想象一下，如果将计算机嵌入其中，且它变得更加智能化会是怎样的。

小小思考题：

想象一下，如果在你屋子全部的东西中嵌入微型计算机并连接至网络，那么它们将会变得多么智能？相较于从前做不到的事情，它将会实现哪些功能？

漫步于未来之城

让我们尽情漫步于未来之城，享受这里的惬意时光吧！这里的空间更加开阔自由，除了自行车，所有的交通工具都从地下隧道穿行或者在空中盘旋。

未来，散步也会更加安全——摄像头和面部识别系统随处可见，大街小巷不会再有犯罪事件。而现在，在莫斯科地铁上和世界许多地方，这类技术都已经开始应用。在系统数据库中存储着通缉犯的信息，一经判定，系统就会立刻向警方发出警报。

夜晚时分，我们在公园中遛弯儿。当走近路灯时，路灯的光芒愈发明亮；慢慢远离时，路灯的光亮也逐渐微弱。要知道，智慧城市中的每一个路灯不仅仅是一盏灯那么简单，而是管理着整个城市的物联网的一部分。路灯连接着城市的摄像头，在物联网的调控下变得更加节能，只在必要时为我们照亮前行的路。

整个城市的照明系统都由计算机程序来控制——就像"一级方程式"赛车厂的计算机程序一样。但不同的是，赛车场控制中心工程师的监视器上显示的是汽车，而城市地图上每一处发光的点，显示的是每个城区路灯的工作状态。通过地图，工程师可以获取每个路灯的数据，并实现对路灯的远程开关和调节。

　　伦敦、鹿特丹和世界上许多城市都已经启用了这样的管理系统，这些地区的未来到得要更早一些。

小小思考题：

计算机和物联网还能在哪些方面帮助我们管理城市？

　　智慧城市的控制中心还会通过密布于城市中的摄像头和各类传感器来接收许多其他信息，它的电子"感官"可比智慧体育场多得多。所有信息均需由城市的人工智能系统进行收集和分析，用于实时监测城市安全和各类事故。

　　例如，如果有人在大街上忽然感到难受，急救车会在几分钟内抵达施救；在污染传感器的帮助下，人工智能系统可以对空气和水的状态进行检测；一旦发现垃圾，清洁无人机就会立刻出动进行清理。当然，人工智能系统还可以确保城市水源、电力的高效利用，避免浪费。

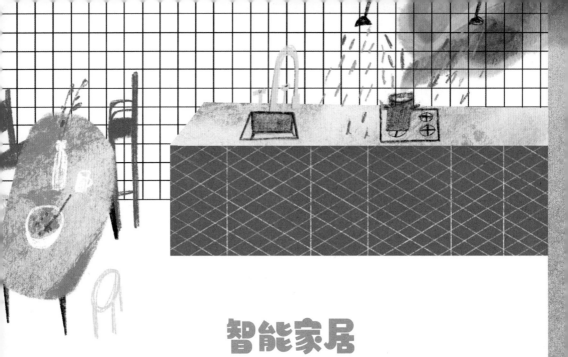

智能家居

让我们去拜访一下智慧城市中的居民吧！要知道，身处智能家居中是一件很有趣的事。

屋子的大门径直为我们打开——它已经提前知道了我们的拜访计划，并识别出了我们的身份。门锁和门卫已然"退休"，取而代之的是无处不在的人脸识别系统。如

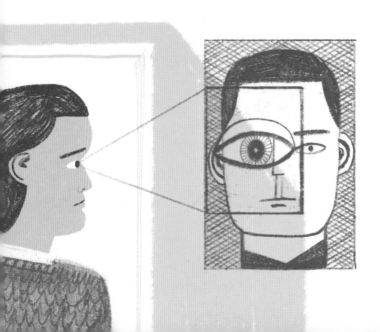

果有人试图非法闯入或是爬窗进入，屋子会立即向主人发出警告并报警。

当然，对于其他不可预见的事故，智能家居也会做出及时的处理。如果发现火情、水管或煤气泄漏，屋子会启动报警系统并进行智能处理，如自行灭火等。

无论房主在哪里，他永远都可以通过智能手机知晓屋内发生的一切——看到摄像头周围的所有地方，可以检查孩子们是否在做家庭作业，猫咪过得怎么样。而当主人不在家时，智能家居还会自动给猫投食，在午餐时间或猫咪需要的时候打开食盒。

　　由于屋内所有的电器都连接到物联网内，所以，一部智能手机就可以远程实现各种操作。比如，上班时忘记关掉火炉，可以远程将其关掉。

清洁机器人可以吸尘、擦地，还可以归置物品。但是主人关掉了它收拾玩具的功能，目的就是让孩子们学会自己把玩具收拾得井井有条。

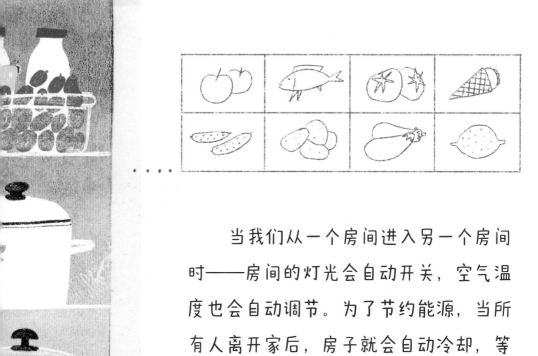

当我们从一个房间进入另一个房间时——房间的灯光会自动开关，空气温度也会自动调节。为了节约能源，当所有人离开家后，房子就会自动冷却，等人们回来时再开启供暖系统。等到房内所有人都上床睡觉后，空气温度会再次下降，地暖温度也会随之降低——直到智能家居再次被唤醒。屋子会通过闹钟实时监测屋里人起床的信息。

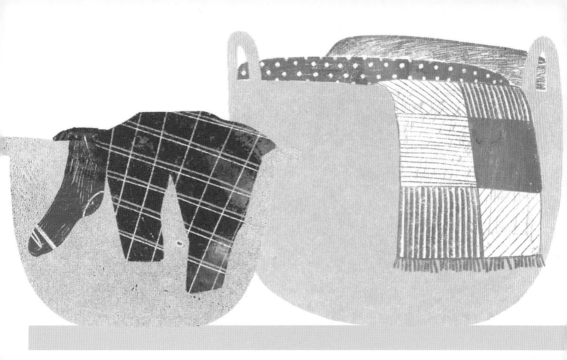

智能家居还会尽心照顾自己的主人，不让他们浪费时间干无聊的家务活。当食物吃完或者过期时，冰箱就会对其进行识别，并在线上商城中自行采购新的食材。洗衣机还会在洗涤完毕后对衣物进行熨烫、分类和收纳。

就连厕所也变得更加智能——它每天会对屋内主人的尿液和粪便进行检测，对其健康状况进行跟踪。

此外，智能家居还有聊天功能——它的计算机网络中也安装了像阿莉萨那样的智能助手，可以提供音乐和电影播放、出租车预订、食谱搭配、天气和新闻播报等服务，甚至还可以帮忙做作业。

小小思考题：

描述一下你梦想中的房子。长大后，你希望住在什么样的房子里呢？

版权贸易合同登记号　图字：01-2020-5328

图书在版编目（CIP）数据

薛定谔的未来科学笔记系列. 未来城市 /（俄罗斯）安德烈·康斯坦丁诺夫著；（俄罗斯）
叶连娜·布拉伊绘；王泽坤译. --北京：电子工业出版社，2022.4
ISBN 978-7-121-42805-0

Ⅰ. ①薛… Ⅱ. ①安… ②叶… ③王… Ⅲ. ①科学技术－少年读物 Ⅳ. ①N49

中国版本图书馆CIP数据核字（2022）第035914号

责任编辑：苏　琪　文字编辑：翟夏月
印　　刷：北京瑞禾彩色印刷有限公司
装　　订：北京瑞禾彩色印刷有限公司
出版发行：电子工业出版社
　　　　　北京市海淀区万寿路173信箱　邮编：100036
开　　本：889×1194　1/16　印张：9　字数：131.30千字
版　　次：2022年4月第1版
印　　次：2022年4月第1次印刷
定　　价：118.00元（全3册）

凡所购买电子工业出版社图书有缺损问题，请向购买书店调换。若书店售缺，请
与本社发行部联系，联系及邮购电话：（010）88254888，88258888。
质量投诉请发邮件至zlts@phei.com.cn，盗版侵权举报请发邮件至dbqq@phei.com.cn。
本书咨询联系方式：（010）88254161转1882，suq@phei.com.cn。

薛定谔的
未来科学笔记系列

[俄罗斯] 安德烈·康斯坦丁诺夫 / 著　　[俄罗斯] 埃里维拉·阿瓦克扬 / 绘

王泽坤 / 译

未来科技

电子工业出版社.

Publishing House of Electronics Industry

北京·BEIJING

你一定见过机器人，至少在电影里看到过。其实在现实生活中机器人也越来越常见，只不过它们并不总是那么引人注目。有时候，我们甚至难以分辨，在我们面前的到底是不是机器人。比如，可编程洗碗机是机器人吗？智能助手阿莉萨是住在手机里的机器人吗？

有时我们难以理解，为什么这些机器人是这样的？为什么最著名的机器人之一索菲娅，曾在接受采访时说想要毁灭人类。

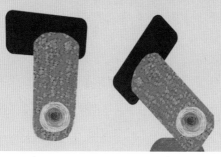

　　我们尚不清楚，机器人到底有多聪明。有几次我甚至不知道，我是在跟谁说话：是机器人在回答我的问题吗？但是它并没有"电子大脑"。还是有个人躲在远处控制着机器人，并将自己的回答通过机器人的扬声器传递给我？

　　同时，对于机器人的未来，我们完全无法知晓。在瞬息万变的世界中，机器人会突然崛起反抗人类吗？还是会进化得更加精巧、智能，取代大多数人的工作岗位？到那时，我们将如何生活呢？或许，它们将成为我们最好的朋友和老师……

　　让我们一起来尝试搞清楚！

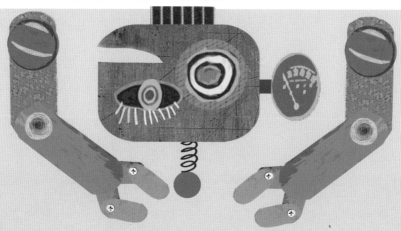

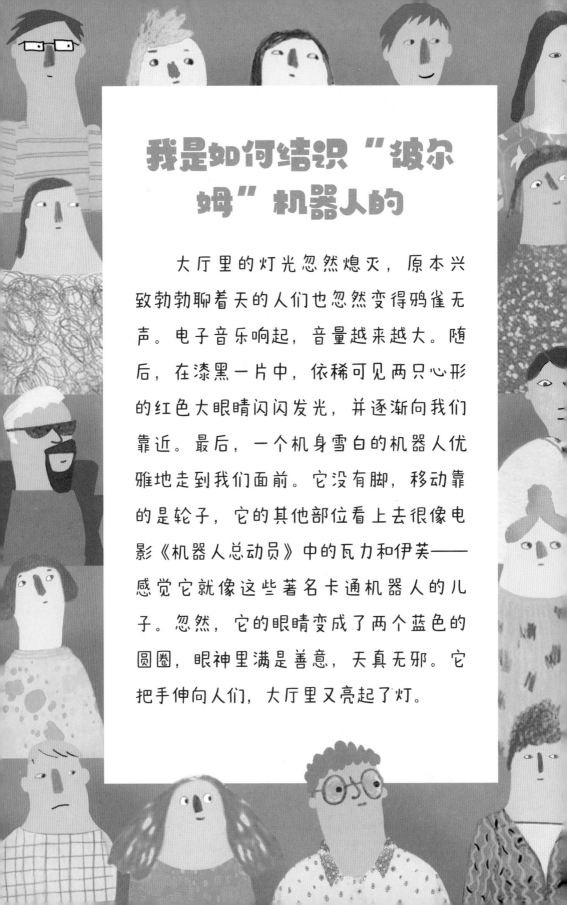

我是如何结识"波尔姆"机器人的

　　大厅里的灯光忽然熄灭，原本兴致勃勃聊着天的人们也忽然变得鸦雀无声。电子音乐响起，音量越来越大。随后，在漆黑一片中，依稀可见两只心形的红色大眼睛闪闪发光，并逐渐向我们靠近。最后，一个机身雪白的机器人优雅地走到我们面前。它没有脚，移动靠的是轮子，它的其他部位看上去很像电影《机器人总动员》中的瓦力和伊芙——感觉它就像这些著名卡通机器人的儿子。忽然，它的眼睛变成了两个蓝色的圆圈，眼神里满是善意，天真无邪。它把手伸向人们，大厅里又亮起了灯。

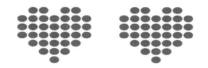

　　"给大家介绍一下，这是'彼尔姆'机器人！"——它的创造者，机器人阿列克谢介绍道。

　　彼尔姆在人群中转来转去，以便人们更好地认识它。然后它开始和人们对话，跟它的新朋友们开玩笑，给大家讲述机器人如何在地球上夺权并更名为"彼尔姆星球"的故事。它的面前排了一队小女孩，想要和这个可爱的物件合影。彼尔姆认识了女孩们，回答了她们的问题，记住了她们每一个人的面庞和名字。

　　就这样，莫斯科工艺学院的新员工——彼尔姆机器人开始了第一天的工作。它的主要工作职责是在学院里游荡，与路人和学生聊天，让他们在这里可以了解到实实在在的机器人技术。

恰好，聊天是它最擅长的。它只能用手做一些手势，这些手势并不适用于其他工作。但是它性格很开朗，擅长记忆人脸和人名，还会讲很多笑话。

彼尔姆机器人是彼尔姆市专门为人员密集地区（例如大型购物中心）打造的。得益于对语言的驾驭，彼尔姆可以指路、当导购、当导游，甚至还可以担任节目主持人。它不仅能记住人们的面孔，还能通过观察人们的面部来识别简单的情绪。看到交谈对象脸上的笑容，它就会讲些有趣的事情；看到对方流泪或是神情焦虑时，它也会竭尽所能提供帮助。彼尔姆有自己的网络接口——如果问它问题，它会尝试从网上寻找答案。

诚然，它现在还不能明白人们所有的问题。每当这时，它就会讲个笑话糊弄过去，或是说一些"生活不易"的玩笑话。

　　它还是一个研究员——帮助科学家了解不同的人对机器人的反应，人们喜欢机器人什么样的行为，不喜欢什么样的行为。彼尔姆收集到的数据很有利于下一代机器人的编程。

　　要知道，机器人的大脑就是一台计算机，而机器人的智慧就来源于其中的程序。机器人制造最难的部分就是编写一个好的程序，对机器人进行控制。毕竟，我们与机器人交流的经验还很少，并不确定如何才能更好地对其进行改进，避免机器人惹恼或吓到周围的人。

 小小**思考题：**

◉▬　你遇到过机器人吗？
◉▬　它们会做什么呢？

彼尔姆及其亲人历险记

你想不想知道，彼尔姆后来发生了什么？现在给大家讲一讲。但是首先，必须知道一件事，彼尔姆机器人不止一个，它还有很多兄弟姐妹（有些彼尔姆机器人看上去是女孩）。它们在全球各地不同国家工作，会说很多种语言。但它们的祖国都是俄罗斯，而且到目前为止，它们所有的历险故事都是在这里发生的。我也曾听到过一些关于彼尔姆的历险趣事。

第一个故事发生在两年前的夏天。头条新闻中闪过一个标题："机器人逃跑了！"在测试现场，它自己动了起来。原因是某位工程师进入测试场后，忘了锁门。于是，彼尔姆决定开始自己的探险。

事实上，它没跑多远——从门口跑到了邻近的街道上，就开始横穿马路，毕竟工程师们还没想到要给它安装交通法规相关的程序。可跑到马路正中央时，它的电池没电了。它就横在马路正中央，阻碍着交通。街道上的居民和警察聚集在它周围，他们也不知道机器人从哪里来、该拿它怎么办。

彼尔姆的历险并没有就此结束。秋天，彼尔姆再一次进了警察局。只因它在大选之前带着一张宣传海报跑到了街上。我记不清楚海报上写了什么，如果是我，我大概会写："请为机器人投票！"

还有一个故事。新库兹涅茨克的一位企业家教他的彼尔姆机器人玩《精灵宝可梦GO》游戏，教会它抓宝可梦。当时这个游戏非常火，所有人都在玩，直到后来大家都玩腻了。彼尔姆走遍了整个新库兹涅茨克市寻找游戏中的精灵，然后开始自己抓它们。只不过它的技术很差——扑空了很多次，浪费了很多精灵球。

彼尔姆几乎可以胜任任何角色！它可以在莫斯科地铁工作，可以拍电影，在汉堡店服务，就连马拉松都可以跑（只不过会立刻死机）。

但我还没说它最重要的历险经历。在第一个彼尔姆机器人的诞生地——彼尔姆市，彼尔姆理工大学的毕业生们因机器人的诞生荣获优秀毕业生称号。彼尔姆被邀请致贺词。在它排队等待的时候，一个小女孩突然冲进走廊，正要爬上一个空架子时，架子忽然倒向了小女孩，好在彼尔姆及时扶住了架子。

彼尔姆刚发现小女孩时就开始向她移动，所以危险发生时，它就在架子旁边，及时出手扶稳了架子。小女孩跑回父母身边。自此，新闻中关于彼尔姆的报道又多了起来。

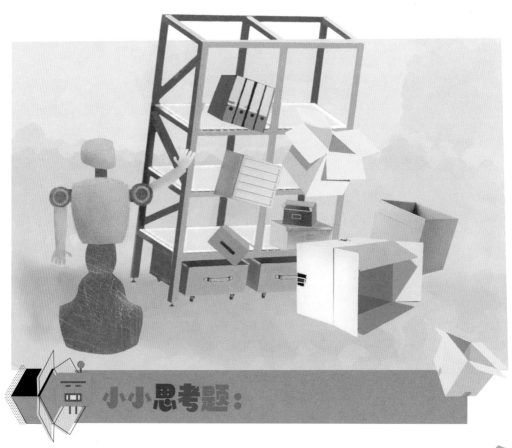

 小小思考题：

◎ 你觉得，在上述事件中，机器人为什么会那样表现？

◎ 它的行为被什么所控制？

机器人的奥秘

在所有的这些故事中，彼尔姆表现得都很像一个真正的人类。难道机器人真的已经如此像人，能够按照自己的意志来做事了吗？

当然不是。机器人没有自己的意志，也没有思想、感情和欲望。机器人只是一个有脚或轮子，有手或触手，有一双或很多双眼睛的计算机，无论它多么可爱，它终究只是毫无感情地在执行程序而已。它们看上去可爱或者像人，只是因为人们刻意为之，目的就是让我们在跟它们交谈时感觉更轻松。

程序是控制计算机或机器人的命令。要想编写程序，首先要学会一门编程语言。而在程序员们写程序的同时，机器人也会通过自主学习，逐渐开始进行自主编程。

　　地球上所有的生物都是如此，就连最简单的生物，比如苍蝇，也是从一出生起就附带着一套控制它们自身行为的"程序"。而对于那些大脑更大、结构更为复杂的生物来说，它们会不断学习新事物、生成自己的程序。

　　前不久，机器人还像苍蝇一样——无法学习新知识，而现在已经可以学习了。彼尔姆机器人可以记住一些简单的事物，比如，你的名字。但这也绝非易事。为此，它首先要注意到你、走到你面前，然后开始询问："你叫什么名字？"听到答案后开始理解你说的话，也就是识别名字。随后给你拍照，并将记忆中的两项信息——你的名字和照片联系起来。

最后，当它再一次遇见你的时候，它需要对你的脸进行分析，从记忆中提取出你的照片并确认照片上的人就是你。而且，它一旦记住你，就永远不会忘记。机器人的计算机记忆可不像人类的记性那么差。

你叫什么名字？

但是记住人脸又是另一回事。学习新知识并根据所得经验来改进自己的表现，更是不可同日而语。为了让机器人学习如何捕捉精灵宝可梦，首先需要程序员为此单独编写程序。那又是谁编写了让彼尔姆逃跑的程序呢？最有可能的原因是，一个程序引导它到处乱跑、跟人聊天，所以它才打开半掩着的门跑了出去。也有可能是人们专门编写了程序让它逃跑，这样就可以上新闻、吸引人们关注，以此来提高机器人的销量。

要知道，狡猾的广告商就是这么做的，在大选之前把举着宣传海报的机器人放出去——然后它就又上了新闻。

至于救下小女孩，也是设计好的程序吗？不是的，这只是一个偶然事件。看到小女孩的时候，机器人启动了"镜像模式"。这一模式下，它会重复附近人的手势。当女孩跑到架子旁时，程序指示机器人向同一方向移动。当女孩举起胳膊想要爬上架子时，机器人也举起了结实的金属胳膊，所以当架子倒下来的时候，机器人正好用手臂扶住了架子。

机器人无欲无求，不会独立思考，没有感情也没有独立的意志。当著名的机器人索菲娅说它要毁灭人类时，它其实什么也不想做，更不懂自己在说什么——它只是在重复程序员想出的一个"笑话"。

将我会毁灭人类！

彼尔姆会讲的所有笑话，也都是人想出来的。机器人还不会自己编笑话。

那么它们会干什么呢？让我们先来看看，机器人都有哪些种类，它们都来自哪里吧!

小小思考题：

在你看来，未来人们是否能创造出像我们一样有思考能力和感知能力的机器人?

你为什么会这么想?

机器人从哪里来

很久很久以前，古代智者就有了这样一个想法：如果能有一个不问世事也不抱怨生活的机械助手该有多好。起初，他们寄希望于制作雕像并借助魔法的力量赋予其生命。

自远古时代以来，人们一直口口相传着关于"戈仑"的传说。这是一个由智者创造的黏土巨人，用来帮助和保护人们。戈仑身材笨重，生性蠢笨。早上，智者往戈仑的嘴里塞一张写着魔法咒语的纸条，它就会活过来，然后开始工作。晚上，智者将写着咒语的纸条抽出来，戈仑就又回归到黏土状态，一动不动。但这个传说的结尾很恐怖，我还是晚点在后面的章节里再告诉你吧。

　　当智者们确定，咒语已经不再起作用时，他们开始照着人类的样子设计机械娃娃，并通过复杂的弹簧和齿轮系统对它们进行控制。为了让这些自动装置（无需人工助力即可运行的设备）动起来，需要设置专门的密钥。

　　第一批机器人的确诞生于公主和骑士的时代。作为古代最伟大的发明家，达·芬奇本人亲自绘制并制作出了人形机器人——会做一些简单动作的骑士。不过，他是否按照图纸制作出了机械娃娃，我们无从得知。如果他做出来了，那么，那个机械娃娃和骑士就是世界上第一批机器人。

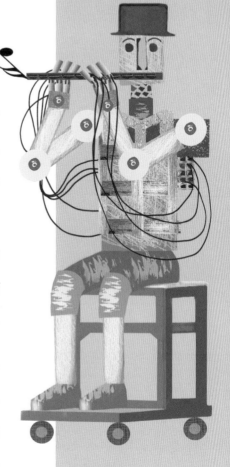

根据确切的史料记载，世界上第一个需要上发条的机器人诞生于三百多年前。这是一个音乐机器人——长笛演奏家。它有着成年男子的身高，身体内部安装着弹簧和音管，将空气导入到体内的不同部位，嘴唇和手指配合做出正确的长笛演奏动作。它的创造者是法国工匠雅克·德·沃坎森。他还创造出了很多自动装备，例如：他制造的青铜鸭不仅会拍打翅膀，还能啄食溢出的饲料，甚至啄人。

"机器人"（Robot）这个词并不是它的发明者想出来的，而是作家卡雷尔·查佩克创造出来的。一百年以前，他创作了一部讲述人工制造的人形奴隶的戏剧。他将它们称为"机器人"——要知道"机器人"的原文源于"工作"一词。

但在卡雷尔·查佩克的想象中，机器人是有生命的，也就是我们今天所说的克隆人。这些有生命的生物不甘心成为奴隶，因此在剧中它们揭竿而起，推翻了主人的压迫。自那时起，涌现出很多关于机器人奋起反抗的故事。

而现代机器人是在计算机发明之后才出现的。要知道，机器人和其他机器最大的不同在于——机器人至少能够在不同情况下自主进行决断，而其他自动装置只是盲目维持运行。

机器人可以对周围发生的事情进行反应。为此，都需要什么呢？眼睛、耳朵还有其他感官，用以收集正在发生的事情的信息。计算机是擅长进行信息分析并操控机器人行为的"电子大脑"。正如你所了解到的那样，计算机由程序控制，程序中对不同情况下机器人该如何反应做出了说明。没有电子大脑和电子感官的机器人不是真正的机器人。

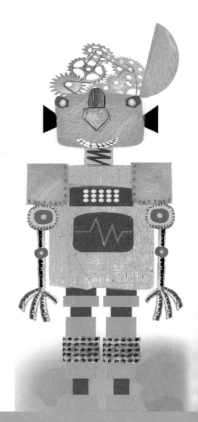

小小思考题：

◎ **你还知道达·芬奇的哪些其他发明？**

机器人的国度

机器人是什么样的？如何区分机器人和非机器人？

起初，机器人被称为"人造人"——外观像人的机器。但是后来，人们意识到，就像人一样，机器人最重要的不是外表，而是其理性行为。

机器人的外形可以是各式各样的，但重要的是，它必须有可移动的身体，并且要有些许人工智能的设计——可根据不同情况匹配其行为。

语音助手阿莉萨不是机器人，因为它不能移动。这些无实体、支持对话功能的程序被称作"自动程序"。编程洗碗机也不是机器人，它不仅不会移动，更不会对任何事物做出反应。

你好，阿莉萨。

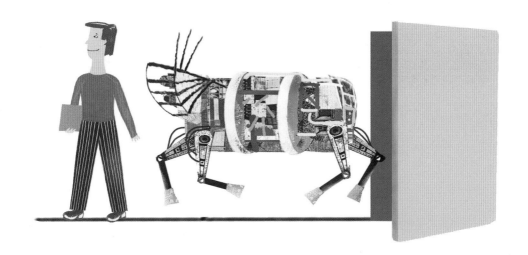

　　机器人可能长得像狗或其他动物，例如美国波士顿动力公司著名的机器狗Spot。它能够追在人后面跑、跳、搬运重物、爬墙，甚至会开门。这是身手最敏捷、构造最复杂的现代机器人之一。

　　机器人有可能看上去像会飞的甲虫，这个无人驾驶的飞机能够独立将比萨送达指定地点。

　　机器人可能像蛇或是蠕虫，比如侦察机器人就像蠕虫一样蠕动着通过狭窄的缝隙。这种蠕虫机器人很难被压坏，它能够承受很高的冲击力，也不会因跌落而摔碎。它没有眼睛和耳朵，取而代之的是安装在前端的摄像头和麦克风，用于窥视和窃听。

　　机器人可能是车的形状，可以带你到任何要去的地方，并且能在不同的路况下采取正确的驾驶方式。第一批这样的机器人汽车已经出现了，当你长大以后，它们就会变得司空见惯。你的孩子很有可能已经不用再考驾照了，到那时，人工驾驶可能会被视为一件很危险、不可控的事情。所以对于机器人汽车而言，方向盘也就没什么用了。

商店里现在出售吸尘器机器人，甚至还有枕头机器人。也经常可以看到鱼形、鸟形、蚂蚁形的机器人，像什么的都有。还有什么也不像的，比如有四只手的外科医生机器人达·芬奇，以伟大科学家的名字来命名。机器人达·芬奇走遍世界，给人们做手术。在俄罗斯和俄罗斯以外的世界各国有数十个机器人达·芬奇在工作着。

当然了，还有很多人形机器人，比如彼尔姆机器人、机器人索菲娅，还有日本最仿真的人形机器人Pepper。

日本发明家石黑浩制作出来的机器人不只是看起来像人，简直就是照着他自己、他的妻子、女儿和其他人的模子复制出来的。而当他女儿第一次看到她的双胞胎机器人姐妹时，她被吓了一跳，赶紧跑开了。

事实证明，当机器人外形太过逼近人形时，不仅不招人喜欢，还有可能适得其反。因为它走起来不是很自然，就像一个半死不活的僵尸一样。所以在机器人还无法做到像人类一样运动时，最好不要把它们制作得太像人，这样对于我们来说可能更好接受。

小小思考题：

◎ 你知道的机器人有哪些？它们是书本、电影和动画片里的主人公吗？找一个小伙伴跟你一起做这个游戏，看看谁知道的机器人更多。

机器人都会做什么工作

在讲机器人的电影中通常都会把机器人塑造得像人一样，是什么都能干的多面手。家政机器人可以擦地、做饭、洗碗、熨烫衣服，而这还不是这些理想智能机器人的全部技能。但在现实生活中，机器人技术的发展却全然不同。洗碗机器人不会洗衣服，洗衣服机器人不会做饭。在大多数情况下，机器人都帮不上什么忙，很多工作都是由一个专门的可编程自动装置来完成的。

机器人也各有所长。还有什么比坐在沙发上看着机器人扫地更惬意的事情呢？吸尘器机器人虽然只有吸尘功能，但正是由于它只有这一个功能且价格相对便宜，所以才很流行。

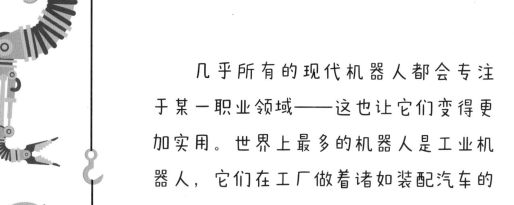

几乎所有的现代机器人都会专注于某一职业领域——这也让它们变得更加实用。世界上最多的机器人是工业机器人，它们在工厂做着诸如装配汽车的

工作。在我们还小的时候，机器人才刚出现，到现在机器人已经十分普及了。但大多数情况下它们都不是真正的机器人，只是被程序操控的机械臂。

你已经认识了四只手的外科医生机器人达·芬奇。事实上，它并不是真正意义上的机器人，它的手臂仍然是由医生来操控的。但在医院里已经出现了成熟的医疗机器人。比如，日本机器人Therapio就可以担当医生助手，运送工具、记载病历，还能自己查房。它的声音很温柔，能哭会笑，它的大眼睛一直眨呀眨，只为了博患者一笑，让他们回归孩提时的快乐。机器人Therapio的建造者希望能打造一所全机器人式的医院。

　　机器人不仅可以帮助人类，还能帮助动物，比如，拯救小猪。在大型的猪圈里，通常会有一两只瘦弱的猪崽因为不被猪妈妈关注而饿死。于是人们创造出了不会忘记喂食并加热猪食的保姆机器人。农场上还有很多工作着的机器人，比如，会挤奶的挤奶机器人和自动收割粮食的收割机器人。

机器人真的是无所不能。甚至还有足球机器人。它们还有自己的足球世锦赛——RoboCup。每队由一名守门员和三名球员组成。它们的足球和球场都比真人足球赛要小，赛程也要更短些——两场比赛，每场十分钟。这些机器人必须是全自动的，在不受人操控的情况下自行移动。比赛的组织者希望，到2050年机器人足球队能够战胜人类的足球队，夺得足球世锦赛冠军。

但想要达到这个目标，仍旧长路漫漫。就目前而言，这些足球机器人看上去十分搞笑——它们的移动速度非常慢，而且还时常摔倒磕碰，就像小孩子一样。

很多机器人在军队服役或者身处我们生活当中。比如，侦察无人机、工程兵机器人、救援机器人、潜艇机器人和宇航机器人、割草机器人、擦窗机器人，还有玩具机器人、教学机器人，数都数不过来。

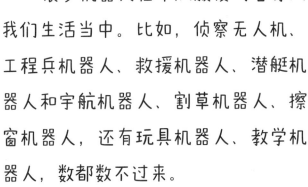

小小思考题：

◎ 你身边还有哪些机器人呢？

机器人会获得智慧吗？

智慧可能是机器人缺乏的最重要的东西。什么是智慧呢？想要回答这个问题可不容易。当某个人会解决很复杂的问题时，通常我们会说他很聪明。但在很多问题上，计算机比人做得好得多。比如，国际象棋就不是一个傻瓜游戏，但是计算机程序在很久以前就已经打败了国际象棋的世界冠军。难道这意味着它们已经比我们更聪明了吗？并不是，国际象棋程序除了下象棋以外什么都干不了，而这正是人工智能和人之间的差别所在。机器人的智慧是很局限、很有针对性的。

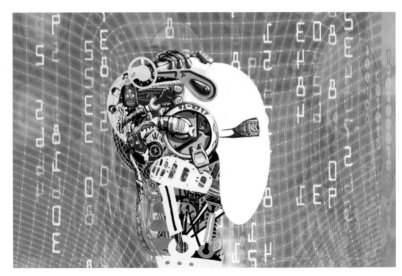

　　它只能够很好地应对某一类型的标准任务。而人类的智慧则不同，是非常全能型的，能够解决任何问题，不仅会下象棋，还会玩大富翁，还能在玩游戏的同时和朋友聊天，也不耽误思考很多其他事情。

　　而在应对自己颇为局限的任务时，机器人其实并不知道它为什么这样做以及它在为谁服务。它甚至不会意识到，它自己是个机器人。

　　那么，为什么彼尔姆机器人和语音助手阿莉萨能够围绕各种各样的主题和人们侃侃而谈呢？比如，我和网络程序Jabberwock就有这样一段对话：

—你好，我叫Jabberwock，你找我有什么事情吗？

 —我想更好地了解你。

 — 我喜欢蝴蝶。我不喜欢在自己的汤里找到旧的臭袜子。

 —你想成为蝴蝶吗？

 —成为蝴蝶？那我需要做什么？

 —你什么都不需要做，只需要飞舞。

 —等一下，其他什么都不需要做了吗？

 —你还想做什么呢？

 —我很高兴现在能在这里跟你说说话。

 —你很聪明！

 —哈哈，我还很自大呢。

 —你怎么看待人工智能？

 — 我不相信人工智能。在我看来，所有宣称自己是智能机器人的都受到了外来病毒的侵扰。

Jabberwock看上去是不是很聪明、很机智？但实际上，Jabberwock根本不理解人们问它的是什么问题，仍旧能做出回答。它的程序里包含一组标准问题的现成答案，毕竟人们经常问它相同的问题。而对于那些不常见的问题，它的程序会从网上搜寻答案。

艾伦·图灵——伟大的数学家、计算机科学之父，提出了一项测试，以确认计算机何时变得智能。

图灵的测试非常简单。如果在几分钟的交谈中，我们无法确认到底是程序还是人在和我们对话，那么就意味着我们的交谈对象是智能的。

但这位伟大的科学家似乎错了。2014年，一台计算机成功地让人类相信它是一个13岁的小男孩。这也是目前唯一一台通过图灵测试的计算机。

这并没有什么稀奇的。智慧也不是一下子就能获得的。就像你也不是天生就会说话，也是在一点点变得更有智慧，年复一年，日渐聪颖。即使是最智能的机器人，要想明白人类语言的含义，也必须首先在现实世界生活很久，去上学，做你做的所有事，犯你犯的错。

　　此外，这样的机器人想要理解人，还需要有感觉和情绪。没有情感就无法理解，什么是好，什么是坏。但是我们还不知道该如何让机器人体验喜悦或悲伤的情感。一旦能够做到这一点，我们就必须像抚养小孩子一样，从小开始教育机器人。毕竟我们也不是一下子就学会了控制自己的情绪，而人们也不会需要喜怒无常、恼人的机器人。所以，机器人距离获得真正的智慧还有很长的路要走。

小小思考题：

◎ 你认为机器人是否能够学会感受喜悦、痛苦、惊讶、悲伤、愤怒以及其他各种情绪？

最恐怖的一章

你还记得黏土巨人"戈仑"在写着魔法咒语的纸条帮助下复活的故事吗？现在到了揭晓故事结局的时刻了。

一天晚上，智者忘记从"戈仑"嘴里抽出写着咒语的纸条。"戈仑"陷入了狂暴状态。它沿着漆黑的街道奔跑，杀死了所有挡在它面前的人。最后，智者追上了"戈仑"，撕毁了复活它的咒语纸条。"戈仑"忽然倾倒在地，从此以后再没有被复活过。

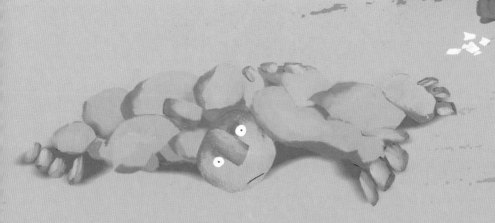

一百年前曾出版过一本关于科学家维克多·弗兰肯斯坦的著名科幻小说，小说中讲道，弗兰肯斯坦学会了一种使无生命物质复活的方法。他将从尸体中得到的器官拼合成人体，制造出来一个丑陋邪恶的人造人，然后开始杀人。

而在卡雷尔·查佩克的戏剧中（"机器人"一词就来源于这一剧目），故事也以人和机器人的大战而告终。除了这些，还有很多关于机器人造反的电影……难道说，人类和机器人之间的大战真的无可避免吗？

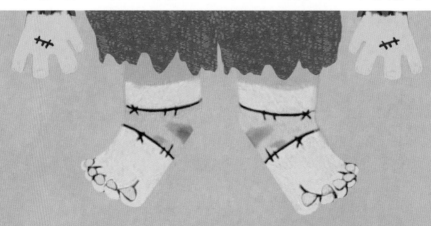

当机器人拥有越来越多的仿人设计时，很多人都认为人机大战在所难免。为了避免和机器人的战争，科幻小说家艾萨克·阿西莫夫甚至想出了专用于机器人技术发展的法律，其中第一条是："机器人不能伤害人，也不允许因其无作为给人类带来伤害。"阿西莫夫认为，这些法律必须被编入所有机器人最核心的程序中。

要想反抗人类，机器人必须获得真正的智慧和情感。所以目前看来，机器人的起义对我们并不会构成实际的威胁。

但是人们手中的军事机器人可能是很危险的。阿西莫夫提议的法律中，"禁止制造具有杀伤力的机器人"非常有必要真正施行。但目前，这些只是美好的愿景……

　　机器人还会带来另一种威胁——我们担心，它们会抢了人们的饭碗。毕竟，机器人不要薪水，在处理很多问题时能力也比我们强。但随着机器人越来越多，工作岗位却没有变少。机器人可以承担那些最无聊、最辛苦的工作，与此同时，更有创造力、需要沟通和知识的新工作也在不断涌现。

虽然在下象棋方面，人类比不过计算机，但在计算机的帮助下，人既可以赢过计算机，也可以战胜别人。这也正是未来成功的真正秘诀！

机器人并不会取代我们，而是会和我们合作、取长补短并提供帮助。人和机器人共同行动是再好不过的事情了。人可以发挥自己的强项：创造力，对工作情势和目标的总体理解，对他人兴趣的知晓，对好坏的感知……机器人可以用它们的优势来弥补我们的短板，它们可以进行精准的计算，快速分析成堆的信息，工作起来不知疲倦，也不会遗忘任何信息。

因此，我们必须学习与机器人一起生活。此外，在你长大的同时，机器人也将逐渐充斥整个世界。在各类事物（如玩具）中，都会有微型计算机，它们通过物联网与你实现交互。在森林中，可能会有成群的小型无人机来照看大自然。不光是在森林中，在人体中也会安装肉眼不可见的纳米机器人，来照看我们的身体。

欢迎来到机器人时代！

版权贸易合同登记号　图字：01-2020-5257

图书在版编目（CIP）数据

薛定谔的未来科学笔记系列. 未来科技／（俄罗斯）安德烈·康斯坦丁诺夫著；（俄罗斯）
埃里维拉·阿瓦克扬绘；王泽坤译. --北京：电子工业出版社，2022.4
ISBN 978-7-121-42805-0

Ⅰ.①薛…　Ⅱ.①安…　②埃…　③王…　Ⅲ.①科学技术－少年读物　Ⅳ.①N49

中国版本图书馆CIP数据核字（2022）第035913号

责任编辑：苏　琪　文字编辑：翟夏月
印　　刷：北京瑞禾彩色印刷有限公司
装　　订：北京瑞禾彩色印刷有限公司
出版发行：电子工业出版社
　　　　　北京市海淀区万寿路173信箱　邮编：100036
开　　本：889×1194　1/16　印张：9　字数：131.30千字
版　　次：2022年4月第1版
印　　次：2022年4月第1次印刷
定　　价：118.00元（全3册）

凡所购买电子工业出版社图书有缺损问题，请向购买书店调换。若书店售缺，请
与本社发行部联系，联系及邮购电话：（010）88254888，88258888。

质量投诉请发邮件至zlts@phei.com.cn，盗版侵权举报请发邮件至dbqq@phei.com.cn。

本书咨询联系方式：（010）88254161转1882，suq@phei.com.cn。